AF324905

OBSERVATIONS

SUR LES

MALADIES DES VÉGÉTAUX

ET PARTICULIÈREMENT SUR CELLE

DE LA VIGNE

PENDANT LES ANNÉES 1846 A 1853

PRÉSENTÉES

à la Société impériale d'Horticulture du Rhône dans sa séance
du 8 septembre 1853

à la Commission de la Maladie de la Vigne dans la séance de décembre
de la même année

Par C.-Fortuné WILLERMOZ

Directeur de l'École d'Horticulture du département du Rhône.

L'observateur ne travaille jamais inutilement :
les bonnes observations augmentent toujours les
connaissances, en découvrant de nouveaux faits,
en proscrivant quelques erreurs, en supprimant
quelques préjugés.

J. SENEBIER, *Essai sur l'Art d'observer*, etc.

LYON

IMPRIMERIE ET LITHOGRAPHIE DE J. NIGON
rue Chalamont, 5.

1854

OBSERVATIONS

SUR

LES MALADIES DES VÉGÉTAUX

et particulièrement sur celle

DE LA VIGNE

PENDANT LES ANNÉES 1846 A 1853.

Des causes.

Les causes de la terrible maladie qui fait de si grands ravages sur la vigne sont pour ainsi dire inconnues. Les uns l'attribuent à un insecte. (1), les autres aux émanations des usines à gaz (2). L'insecte, dit-on, bave et secrète une substance empoisonnée qui corrode l'épiderme du raisin , la surface des feuilles et des sarments. Les émanations du gaz couvrent les feuilles de la vigne, le raisin et la grappe d'une couche cristallisée avec ses aspérités brillantes (3). Afin de

---

(1) **M. P. T...**, serrurier-mécanicien, a dit dans sa brochure qu'un *acarus* était la cause de la maladie de la vigne. Lyon, 1852.

(2) M. E. L... a dit dans sa brochure publiée en 1852, page 11, que le gaz joint à d'autres émanations, telles que l'acide sulfurique, le phosphore, etc., etc., est la cause première, peut-être unique, qui lui a donné naissance.

(3) Au moyen d'un microscope ordinaire, on remarque ces sortes de cristallisations et leurs aspérités brillantes sur toutes les parties d'un végétal, que celles-ci soient saines ou malades. Ainsi, des graines du *Portulaca grandiflora*, vues au microscope, ressemblent à une grosse coquille de mer ornée de rubis, d'émeraudes et de diamants. Un fragment de poire gâtée semble être couvert de cristallisations entremêlées de perles de toutes couleurs. Des graines très saines du *Cynoglossum linifolium* ressemblent à une couronne couverte de ses diamants.

donner plus de poids à leurs assertions, ces observateurs d'un nouveau genre se disent agriculteurs ou chimistes; nous ne leur contestons pas ces titres, bien au contraire , mais il nous est bien permis de douter de leur qualité d'observateurs. En effet , ont-ils observé? Nous ne le pensons pas , et , pour preuve, c'est que tous ont parlé d'un effet et d'une cause avant de s'être assurés de l'existence de cette cause. La cause , dit l'un, c'est l'*acarus* , l'effet, c'est la mort du raisin et le dépérissement du cep. Mais cet acare est purement imaginaire : il n'existe pas : donc il ne peut être la cause.

Un auteur attribue cette cause aux cristallisations engendrées par le gaz des usines; or, ces cristallisations n'existent pas plus que l'acare : donc, elles ne sont pas la cause.

Depuis longtemps le bon sens a fait justice de ce dernier système, et nous aurions pu ne pas nous y arrêter. C'est vrai que les personnes instruites ont traité son auteur de visionnaire , mais les habitants des campagnes n'ont pas pensé et ne pensent pas de même ; or, comme c'est principalement en vue d'éclairer les cultivateurs que nous écrivons, on nous permettra bien de développer toute notre pensée. Ainsi , avant d'émettre notre opinion personnelle sur la cause de la maladie, essayons de prouver à l'auteur de ce malheureux système combien il est dans l'erreur, et combien sa brochure, qui pullule dans les campagnes, peut faire plus de mal dans l'esprit des cultivateurs que la maladie en fait dans une année. Ne craignons pas de le dire , de l'aveu même des personnes qui ont lu cette mauvaise brochure , que si un 1848 venait malheureusement à reparaître avec un esprit de ruine et de désordre , les usines à gaz, les chemins de fer , les bateaux à vapeur, et toutes les usines en général , seraient bientôt anéantis.

Demandons donc à l'auteur où , quand et comment la maladie a fait son apparition sur la vigne et sur la pomme de terre (il parle aussi de cette précieuse plante). L'*Oïdium* de la vigne a été observé, pour la première fois *de nos jours*, en Angleterre, par M. Tucker, à Margatte, dans des serres chaudes. En second lieu, il fut observé en France, à Surennes, dans les serres du baron de Rothschild. Or, les serres sont de petits appartements qu'on tient plutôt fermés qu'ouverts, et dans lesquels les émanations pénètrent difficilement. Toutefois, admettons qu'elles y pénètrent; mais alors comment expliquer ce fait très important, savoir, que les raisins d'une serre sont malades, et que ceux du dehors qui sont exposés aux émanations ne le sont pas? Faut-il à l'auteur et à ses confrères des faits plus positifs? Citons-les-leur.

Dans une serre sont plantés trois ceps de vigne; le cordon de l'un de ces ceps traverse le mur de la serre et vient tapisser extérieurement une partie de ce mur. Eh bien! les raisins de ce cordon qui se trouvent dans la serre sont malades, et les raisins du même cordon, mais qui sont dehors, sont parfaitement sains.

Il n'y a pas un vigneron, pas un propriétaire qui n'ait remarqné dans la même vigne, contre le même mur et sur le même cep, des raisins sains côte à côte avec des malades, et des ceps attaqués à côté d'autres très bien portants.

La maladie des pommes de terre est antérieure à celle de la vigne : elle a été remarquée en 1816 et en 1822; mais, soit qu'à ces époques, l'agriculture fût moins avancée qu'elle ne l'est aujourd'hui, soit que la maladie ne fût que de très courte durée, elle passa presque inaperçue; il n'en fut pas de même en 1845 et les années suivantes, parce que le fléau faisait des ravages prodigieux. Depuis cette dernière invasion, des expériences nombreuses ont été tentées pour le prévenir ou pour atténuer ses effets. Ainsi, nous en citerons une assez singulière qui prouvera une fois de plus que les émanations dont parle notre auteur, ne sont pas plus pernicieuses à la pomme de terre qu'elles ne le sont à la vigne.

Un agriculteur anglais fit planter des pommes de terre sous des châssis; à côté de ces châssis et dans le même sol il en fit planter d'autres. Le moment de la récolte venue,

les pommes de terre furent extraites, celles des châssis
étaient malades, tandis que celles d'à côté.étaient parfaitement saines, justement celles qui étaient le plus exposées
aux émanations.

Depuis bien longtemps nous étudions les maladies des
végétaux; pour elles nous multiplions nos observations et
nos visites. Or, ces visites et ces observations nous mettent
à même de réfuter d'une manière irrécusable les systèmes
erronés qui pullulent aujourd'hui, et particulièrement céux
qui s'appuient sur les usines à gaz, sur un acare et sur un
brouillard particulier. Pour combattre ce dernier, nous n'aurions qu'à nous servir des mêmes arguments que pour le gaz,
et dire : Pourquoi des raisins recouverts d'un feuillage étran-
ger très épais, et par conséquent abrités d'un brouillard,
sont-ils malades, tandis que d'autres très découverts ne le
sont pas ? Mais inutile de multiplier les réponses sur cette
prétendue cause; passons à l'*Acarus* ou aux *Acarus*, car on
prétend qu'il y en a de plusieurs sortes.

Nous déclarons n'en avoir jamais vu de traces, bien que
nous ayons multiplié et remultiplié nos observations à l'aide
d'instruments d'optique très propices. On ne les voit que le
matin et que le soir, a dit un prétendu guérisseur de vigne.
Mais nous avons observé le matin, même très matin, à midi,
le soir et souvent à toutes les heures de la journée; nous
avons pris pour nos observations des raisins qui semblaient
encore intacts; nous en avons pris d'autres sur lesquels la
maladie commençait à être visible à l'œil nu; enfin, nous
avons observé avec la plus scrupuleuse attention, et cela en
présence de personnes très dignes de foi, pendant huit jours
le même raisin, jusqu'à ce que l'épiderme du grain se soit
brisée et que les pepins soient chassés de leur enveloppe,
jamais nous n'avons remarqué d'insectes. Nos investigations
se sont portées sur le bois et sur les feuilles; là, il est vrai,
nous avons rencontré des insectes, mais quels insectes ?
Ceux qui sont connus depuis des siècles : des insectes parti-

culiers à la vigne, insectes qu'on rencontre souvent sur des ceps sur lesquels jamais l'*Oïdium* ne s'est montré (1). En un mot, nous avons vu partout l'effet, mais non la cause citée; cependant il en existe une de cause; il faut donc la chercher ailleurs que dans un brouillard, que dans les émanations du gaz, et, enfin, que dans des *Acarus*.

La cause, avons-nous dit, est encore pour ainsi dire inconnue; aussi, en émettant un système, nous n'avons pas la prétention de le donner comme incontestable, malgré que nous nous soyons appuyé sur l'observation.

Vivant continuellement au milieu des végétaux, il nous est facile de remarquer leur organisation, leurs mœurs, leurs habitudes, leurs usages, la manière dont ils végètent, les influences journalières auxquelles ils sont soumis, et les résultats des conditions diverses dans lesquelles ils se trouvent placés. D'après nos faibles observations, nous pensons que la cause de la maladie qui nous occupe peut dépendre de l'une de ces circonstances, si celle-ci vient à perdre son état normal. Nous donnerons des exemples palpables afin de bien nous faire comprendre.

Comme le règne animal, le règne végétal est composé de classes, de familles, de tribus, de genres, d'espèces et de variétés. Les végétaux qui constituent un genre ou une

---

(1) Tel que le *Rinchites Betuleti*, par exemple, qui replie la feuille de la vigne en forme de cigare, y dépose ses œufs; ceux-ci éclosent et donnent naissance à de petites larves qui mangent les feuilles, détruisent l'extrémité des jeunes rameaux, attaquent les jeunes fruits et les font périr d'une manière assez remarquable. D'abord la larve attaque les pédicelles; ceux-ci ne tardent pas à flétrir ainsi que la graine. Alors, par le moyen d'un fil, cette larve enveloppe tous les pédicelles en forme de faisceau pour en faire son habitation, jusqu'à ce qu'elle soit arrivée à l'âge où elle descend en terre par le moyen de son fil; là, elle se change en chrysalide, puis bientôt en insecte parfait. C'est cet insecte que les gens de la campagne connaissent sous le nom de *Gribouri*, et les gens de la campagne savent combien cet insecte cause de préjudice à la vigne.

espèce, bien que doués des mêmes facultés, ne se comportent pas tous de la même manière; leur mode de végéter dépend de leur *organisation* et des conditions dans lesquelles ils sont placés; leur santé et leur vigueur dépendent du bon ou du mauvais état de ces conditions. Ainsi, il est bien reconnu qu'un arbre vivra et prospèrera à ravir, si, outre d'être doué d'une bonne organisation, il est encore planté à une exposition avantageuse, dans un sol convenable et sous l'influence de conditions heureuses; qu'un arbre de même espèce ou de même variété sera maigre, chétif et languissant, s'il est planté à une autre exposition, dans un sol opposé et soumis à une influence contraire. Il est bien reconnu aussi que parmi les individus qui constituent un genre se trouvent des espèces et des variétés qui, dans un sol donné, végètent avec énergie, vigueur et luxuriance, tandis qu'à côté d'elles d'autres espèces et d'autres variétés de même genre ne végètent qu'avec lenteur. Enfin, tous les praticiens savent que certains végétaux, placés dans des *conditions particulières* et doués d'une *organisation exceptionnelle*, poussent rapidement, continuellement, et conservent leur parure verte et brillante depuis les premiers jours du printemps jusqu'aux gelées, au lieu que d'autres de même genre, mais d'espèces ou de variétés différentes, placés dans les mêmes conditions seulement, cessent de pousser et s'aoûtent dès les premiers jours de juillet; au commencement d'octobre, quelquefois plus tôt, ils ont déjà perdu toutes leurs feuilles.

L'homme qui n'observe pas et qui ne juge que sur les apparences s'imagine que les végétaux qui poussent avec une si grande rapidité doivent jouir d'une santé exempte de toutes maladies et vivre un temps très long; celui qui observe pense tout différemment : il préfère un végétal qui pousse convenablement, parce qu'il sait, par expérience, que le premier peut être attaqué dans sa marche rapide par mille et mille accidents, et que l'autre au contraire, mis en présence de circonstances brusques et fâcheuses, résistera.

Maintenant, pourquoi ces raisonnements opposés ? C'est que l'un voit l'effet sans connaître la cause, tandis que l'autre connaît la cause et juge de l'effet de cette cause. Mais, dans quoi réside cette cause ? demande-t-on. A cette question l'observateur répond :

L'arbre est trop vigoureux et trop poussant, parce qu'il absorbe dans le sol et dans l'atmosphère un surcroît d'éléments qui lui fournissent une sève extraordinairement abondante; cette sève s'élabore avec peine et dépose dans sa marche un cambium mal organisé; toutefois, la santé de cet arbre semble prospère autant que les influences favorables auxquelles il est soumis durent; mais, dès que ces influences viennent brusquement à changer, la sève de cet individu si fort, si vigoureux en apparence, est subitement paralysée et désorganisée. Alors apparaissent une multitude de maladies et une multitude d'insectes : ainsi, le *miellat* et les pucerons qui en sont la conséquence, le *brûle*, la *chlorose*, la *gomme*, la *rouille*. le *rouge*, la *cloque*, le *chancre*, la *fumagine*, les *lichens*, les *mousses*, les *champignons*, le *blanc* (lèpre ou meunier), et enfin les *oïdium* et les insectes.

L'autre végétal, dont la poussée n'a rien d'extravagant, résistera à toutes ces maladies, parce qu'il ne puise d'éléments nutritifs que ce qu'il peut digérer, c'est-à-dire qu'il économise à peu près tout ce qu'il absorbe ; sa sève par conséquent s'élabore avec facilité; son cambium, bien constitué, se fixe et se maintient, et ses rameaux, d'une longueur raisonnable, sont forts et vigoureux. Cependant, il ne faut pas se le dissimuler, si des influences fâcheuses et d'une longue durée venaient à se déclarer, il est probable que sa bonne constitution pourrait changer.

Un sujet mal choisi en pépinière pour recevoir une greffe est souvent la cause qu'un arbre est toujours malade ; un air trop vif, un air malsain, une humidité constante, une sécheresse soutenue, un sol peu profond, un sous-sol fort et compacte, un coup, une blessure, etc., sont autant de causes de maladie des végétaux. Dans toutes ces circonstances, c'est la sève qui éprouve une perturbation ; c'est cette perturbation qui engendre les maladies ; les maladies engendrent à leur tour les insectes et les parasites. Or, il est facile de voir que ni les insectes ni les parasites ne sont des causes, mais bien les conséquences de ces causes.

Examinons maintenant si l'homme n'est pas pour quelque chose dans toutes les causes que nous venons de passer en revue, ou, pour mieux dire, s'il n'est pas une cause de maladie. En effet, poussé par le désir de jouir promptement des végétaux qu'il fait planter, il choisit le sol le plus riche de sa propriété, et il fait ajouter à ce sol une fumure très abondante et très grasse ; il résulte de ce fait que le végétal trouve une nourriture excessive, qui lui est plutôt nuisible qu'utile ; de là maladie. Poussé par une économie mal entendue ou quelquefois par l'avarice, il agit tout différemment ; il choisit un sol ingrat, auquel il ne donne pour amendement et pour engrais que des pierres et des graviers ; le végétal placé dans de telles conditions ne pousse pas et dépérit à vue d'œil.

L'expérience a démontré que la pomme de terre, plantée avant l'hiver dans un sol convenable, bien travaillé et très médiocrement fumé, est rarement atteinte de maladie, tandis que, placée tardivement dans un sol fort abondamment fumé, elle est presque toujours malade. Quelles sont les causes de maladie dans cette circonstance ? 1° Le tubercule placé tardivement ne produit que tardivement d'autres tubercules qui n'ont pas le temps d'acquérir toutes leurs perfections. 2° Ce sol fort et abondamment fumé conserve un excès d'humidité auquel viennent encore parfois s'unir des pluies abondantes et soutenues, ce qui ne tarde pas à engendrer une espèce de pléthore, laquelle engendre à son tour des cryptogames et par conséquent la corruption.

Autrefois le vignoble du Beaujolais jouissait d'une réputation justement méritée pour la qualité supérieure de ses vins. Pourquoi? C'est qu'à cette époque déjà reculée le vigneron de ce pays ne cultivait guère que deux ou trois variétés de cépages de premier choix ; ses vignes étaient bien travaillées, mais peu fumées. Les cépages d'une croissance médiocre rapportaient peu, mais le produit était délicieux. Ces vins, rivalisant avec ceux des premiers crus de France et étant toujours bien vendus, éveillèrent l'attention des cultivateurs des contrées voisines, qui, privés du sol, de l'exposition et du savoir-faire, introduisirent chez eux des cépages bien différents de ceux du véritable Beaujolais ; ainsi le *Gros plant*, la *Persaille* et d'autres plants de même nature vinrent couvrir les côtes du Mont-d'Or, les collines de la vallée d'Azergues et les pentes voisines de Villefranche. Dès lors les vins fins du Beaujolais, sans rien perdre de leur qualité, perdirent bientôt de leur valeur. Le consommateur s'habituait insensiblement aux vins provenant de ces nouvelles introductions et n'usait du *Morgon*, du *Fleurie* et du *Thorins* que dans des circonstances extraordinaires. Il est résulté de cet abaissement de consommation une chose très regrettable, savoir, que les vignerons des bons vignobles abandonnèrent brusquement les bons cépages pour les remplacer par des mauvais, et cela afin d'obtenir davantage et d'écouler plus promptement des vins bien inférieurs à ceux qu'ils récoltaient autrefois. Cependant quelques propriétaires, tenant plutôt à la qualité qu'à la quantité, ont conservé l'antique cépage et la bonne habitude de culture. Il en est résulté une chose fort remarquable et très intéressante, c'est que ces cépages sont, jusqu'à ce jour, exempts de l'*Oïdium*, tandis que les nouveaux introduits en sont infectés (tels sont ceux de Saint-Romain, de Couzon, de Chasselay, etc., etc.). On le comprend, les premiers, comme nous l'avons dit plus haut, sont d'une nature peu poussante ; le sol où ils sont plantés est un sol sec, chaud, bien travaillé, peu fumé et surtout bien exposé. Les seconds, au contraire, sont d'une croissance rapide et forte ; de plus, ils sont plantés dans des sols plus ou moins favorables à toutes les expositions et souvent fumés très copieusement.

D'après ce raisonnement, on pourrait penser que nous blâmons l'emploi du fumier; nous sommes cependant bien loin d'avoir une telle opinion, car nous sommes pénétrés de cet axiome : *Le fumier est l'âme de l'agriculture*; seulement nous blâmons la prodigalité, parce que l'expérience nous a démontré que des fumures trop abondantes produisent rarement de bons effets l'année même de leur application, surtout lorsque des influences malheureuses viennent contrarier la végétation : l'année présente en fournit des exemples trop nombreux. Or, si un surcroît de fumure peut être une cause de maladie ou contribuer à cette cause, pourquoi ne pas essayer d'en priver la vigne pendant quelques années; et, si des expériences de cette nature ont produit d'heureux résultats pour la pomme de terre, pourquoi ne pas les appliquer également à la vigne? La marche de la maladie ne prouve-t-elle pas d'une manière évidente que ce sont les ceps les plus fumés, les mieux soignés, qui sont les premiers atteints? En effet, les ceps des serres, si bien chauffés, si bien soignés, ont été les premiers envahis; les espaliers et les contre-espaliers des jardins, un peu moins gâtés par les cultivateurs, ne sont malades qu'après les ceps des serres; enfin, les vignes basses, cultivées en plaine ou au bas des coteaux, ne sont malades qu'après les ceps des espaliers; et, comme l'a fort bien dit M. Gaillard (Ferdinand) dans son intéressant mémoire sur la maladie des végétaux, « les vignes situées sur les hauteurs et » plantées dans des sols graniteux, et, par conséquent, d'une » vigueur médiocre, ne sont pas encore malades. »

L'école de vigne du département du Rhône renferme à peu près tous les cépages cultivés, parmi lesquels on en compte une multitude d'une nature vorace et dont les sarments s'élancent verticalement à plusieurs mètres de hauteur; mais on en remarque d'autres à sarments minces et courts. L'année de l'invasion de l'*Oïdium*, presque tous les ceps à longues pousses furent *oïdiés*, et ceux à bois minces furent épargnés. Aucune des variétés de l'Amérique ne fut atteinte.

D'après ce que nous venons de dire des causes, on ne manquera pas de nous faire de nombreuses objections ; nous l'avons prévu, et nous savons, à n'en pas douter, qu'on ne les ménagera pas, mais nous sommes prêt à y répondre.

Des effets.

Après avoir indiqué les causes présumées, sur lesquelles nous reviendrons en citant des exemples, passons aux effets. Ils sont tous connus, dira-t-on. C'est vrai, mais ils sont si différents, que nous avons cru devoir nous y arrêter, précisément afin de fixer l'attention sur ces différences. Le *Pommier*, le *Rosier*, le *Pêcher*, les *Pois*, les *Pensées*, l'*Érable des haies* et la *Vigne* sont attaqués par un *Oïdium*, mais cet *Oïdium* diffère autant qu'il y a de sortes de végétaux ; ainsi, l'*Oïdium* de la vigne n'est pas celui du pêcher, celui du pommier n'est pas celui de l'érable, et ainsi de suite. Le *puceron lanigère* n'a été remarqué que sur le pommier. L'*éponge* ne se trouve que sur les racines et au collet du *Cognassier*. Le rosier à son puceron particulier ; le poirier, le pommier ont également le leur. Ces pucerons ne sont pas ceux qu'on rencontre sur le pêcher et sur le prunier. La *cloque* attaque le pêcher, cette *cloque* n'est pas celle de la vigne. Enfin, si on fait macérer dans de l'eau des fragments de racine d'*Iris* d'espèces diverses, et qu'on soumette une gouttelette de cette eau à la lentille d'un microscope, on remarquera dans chaque gouttelette des animalcules d'espèces différentes. Maintenant d'où proviennent toutes ces différences d'animalcules, d'insectes et de parasites ? De la différence des éléments qui constituent la sève, de la différence des sucs propres qu'elle charrie et des divers obstacles qui s'opposent à son entière élaboration. En effet, chaque végétal a une sève particulièrement organisée; il en est de même de chaque espèce, de chaque variété et de chaque partie d'un végétal. Ainsi, le puceron lanigère n'attaque que quelques variétés de pommier et se tient en été habituellement sous les jeunes branches; pendant l'hiver, il descend sur les racines. Le blanc du pêcher n'attaque que les jeunes fruits et les rameaux herbacés; l'*Oïdium* de la vigne se remarque sur les fruits, sur les pousses et sur les feuilles les plus tendres; les insectes et les cryptogames sont plus nombreux sur les plantes renfermées dans une serre que sur les mêmes plantes exposées à l'air libre, parce que la sève qui circule sous les branches du pommier est moins élaborée que celle qui circule sur la partie éclairée par les rayons solaires, parce que la sève des rameaux herbacés, des jeunes feuilles et des fruits du pêcher et de la vigne est moins parfaite que celle qui circule dans les parties plus solides de ces deux végétaux, en un mot, parce que la sève des plantes renfermées n'est pas soumise aux mêmes influences atmosphériques que celle des plantes cultivées à l'air libre.

DE L'OIDIUM

de sa marche et de son développement.

L'*Oïdium* de la vigne est-il nouveau ou est-il nouvellement
introduit ? On dit qu'il est nouveau, qu'il n'a jamais été
observé, et que c'est pour cette raison qu'on lui a donné le
nom de *Tucker*, qui l'a observé le premier. Cette question
nous semble très grave, il ne nous appartient pas de la ré-
soudre; d'ailleurs, nous le voudrions, que notre ignorance
s'y opposerait. Toutefois, hasardons à ce sujet une seule observation, et demandons quelle est cette espèce de maladie
de la vigne que signale Pline, qu'elle est cette espèce
de *toile d'araignée* qui, de son temps, recouvrait le raisin,
l'empêchait de grossir et le faisait mourir. Afin de ne pas être
accusé d'innovation fabuleuse, citons le passage de l'auteur
romain. A la page 511 de l'*Histoire naturelle* de Pline éditée
en 1614 par Jean de Cauroy, imprimeur au Mont-Saint-Hi-
laire, près le collége de Rheims, on lit ce qui suit : « Les
» vignes et oliviers sont sujets à une autre imperfection
» qu'on appelle *araigne*, à savoir, quand leur fruit se trouve
» couvert d'une certaine *toile* comme d'*araignée*, qui le garde
» de croître et le mange. Cette perte s'engendre en temps
» chaud et humide, et principalement quand la pluie est vis-
» queuse et gluante. »

Si cette toile, semblable à celle de l'araignée, n'est pas
l'*Oïdium* de nos jours, il faut avouer que la couleur et les
effets semblent être les mêmes; ne craignons pas d'ajouter
que la cause signalée par Pline est aussi celle qui aujour-
d'hui engendre l'*Oïdium* (1). Or, si Dieu voulait que notre

----

(1) Nous avons entendu dire qu'on avait trouvé dans les archives de
la ville de Marseille que les vignes du midi de la France avaient été
détruites, il y a quelques centaines d'années, par une maladie à peu

observation fut juste, nous aurions l'espoir de voir disparaître le parasite redoutable, comme on voit disparaître certaines épidémies qui ont ravagé parfois l'espèce animale, tantôt sur un point, tantôt sur un autre.

Déjà, cette année, les ravages de l'*Oïdium* sont moins terribles que ceux des années précédentes, on voit avec satisfaction que quelques vignes attaquées ont été débarrassées sans que la main de l'homme s'en mêle. Espérons donc, ayons confiance : si l'*Oïdium* a déjà paru dans les premiers siècles de notre ère pour disparaître pendant des siècles, rien n'empêche qu'il disparaisse de nouveau.

Nous avons suivi avec soin le développement de l'*Oïdium* et voici le résultat de nos observations microscopiques. A sa naissance, il ressemble à un petit végétal qui sort de terre avec ses rameaux et ses feuilles, mais ses ramifications à lui ne sont que des agglomérations de petites sporules superposées les unes sur les autres, d'une couleur grisâtre ; à travers ces sortes de végétations apparaissent quelques petites taches grises qui semblent être là pour donner naissance à de nouveaux sujets (nous ferons remarquer que rien n'est encore visible à l'œil nu). Nous avons joint des dessins exécutés avec une grande patience et avec toute l'exactitude qu'il nous a été possible d'apporter dans leur exécution (*V. la planche* 1).

Le lendemain du développement de ces espèces de végétaux, on remarque des points anguleux, brun roux, parsemés de petites taches noires. Les intervalles qui existent entre ces points sont sillonnés par des myriades de petits

---

près semblable, et qu'on fut obligé à cette époque, sans doute très reculée, de faire venir des cépages de l'Espagne. Nous n'affirmons rien à cet égard, mais chose à constater, c'est qu'on cultive aujourd'hui dans le Midi, en grande culture, une grande quantité de cépages qui sont en effet originaires d'Espagne. Nous tenons cette particularité de M. REGNIER, d'Avignon, homme compétent, d'un grand mérite et très digne de foi.

filets gris blanc qui se croisent en tous sens, et à travers lesquels se trouvent rangées par groupes de petites sporules grises, noirâtres à un de leurs sommets, diaphanes et ovoïdes, semblables aux œufs qu'on trouve dans un nid d'oiseau (*V. la planche* 2).

Le second jour, la poussière blanchâtre est visible à l'œil nu.

Le troisième jour, le nombre des taches a augmenté ; les filets sont plus nombreux ; le nombre des sporules a diminué ; elles ont perdu de leur couleur et de leur transparence ; elles sont devenues brunes ; quelques unes semblent entr'ouvertes et imitent un œuf brisé par son milieu ou par l'un de ses bouts (*V. la planche* 3).

Le quatrième jour, toutes les sporules ont disparu, et à leur place existent de nombreuses taches entrecoupées par des filaments grisâtres qui se dirigent en tous sens, de manière qu'ils imitent parfaitement les veines qu'on remarque sur le marbre (*V. la planche* 4).

Le cinquième jour, ces taches sont plus grosses, plus brunes et teintées de violet ; quelques unes sont moins sombres que quelques autres ; les filaments sont peu nombreux, ils semblent nouveaux et provenir de sporules qui paraissent récentes ; les taches sont recouvertes de petites aspérités brillantes, rangées avec ordre et symétrie (*V. la planche* 5).

Enfin, le sixième jour, les graines de raisin se gercent et se fendillent, de telle manière que les pepins *semblent* être chassés de l'intérieur (*V. la planche* 6).

Cet intérieur, nous l'avons également observé avec soin, et nous n'y avons jamais rencontré ni trace d'insecte ni trace d'*Oïdium*. Ayant remarqué que des grains entièrement recouverts de filaments et de taches atteignent leur développement sans se briser, nous en avons cherché la cause. Voici ce que nous avons observé. Après quelques jours de végétation, l'*Oïdium* disparaît et se trouve remplacé par de

grosses taches, comme nous l'avons dit plus haut. Or, ces
taches se fendillent tantôt d'une manière régulière, tantôt
d'une manière irrégulière : lorsqu'elles se fendent réguliè-
rement, l'épiderme se fend aussi ; mais lorsqu'elles se fendent
irrégulièrement, l'épiderme demeure intact, et les taches
tombent d'elles-mêmes par parties comme des écailles de pois-
son. Ceci explique comment des raisins très attaqués atteignent leur degré de maturité sans autre altération que
quelques taches partielles qui les défigurent seulement. Nous
devons ajouter, pour terminer ces observations, que le plus
grand nombre de grains attaqués ne se fendillent pas. S'ils
sont attaqués pendant leur première jeunesse, ils meurent
atrophiés ; si, au contraire, ils sont attaqués lorsqu'ils sont
déjà gros, ils résistent mieux, et beaucoup acquièrent leur
maturité.

Des moyens préservatifs et curatifs.

Nous avons signalé des causes ; en les évitant nous prévien-
drons peut-être les effets. Mais il en est qui sont indépendan-
tes de notre volonté et que nous ne pouvons prévenir ; alors
il faut avoir recours à des moyens particuliers. Ces moyens
sont de deux sortes : les moyens préventifs et les moyens curatifs ; beaucoup de ceux-là sont bons s'ils sont appliqués dès
le début de l'*Oïdium*, mais aucun ne réussit si l'*Oïdium* s'est
métamorphosé en taches brunes, coriaces et rugueuses.
Plusieurs agriculteurs observateurs ont obtenu des succès
marqués en forçant les éléments qui constituent la bonne
santé des cépages à s'équilibrer entre eux et à faire que le
cep se trouve à peu près dans l'état où il se trouverait pendant
des saisons régulières, soit par un appauvrissement momen-
tané, soit par des crans et des annulations, soit enfin par
des pincements et des arcuations. Ceux qui ont négligé ces
moyens préventifs ont eu recours aux moyens curatifs. Les
cendres de bois, le charbon de bois et le sable passés au tamis

de soie ont chassé l'*Oïdium ;* la fleur de soufre, l'hydro-sulfure
de calcium le font disparaître ; une solution affaiblie d'azotate
de potasse ou de sulfate de fer le détruit ; la moutarde
(50 grammes) infusée dans un litre d'eau décape le raisin
(cette expérience a été faite par M. VEZU, pharmacien).
L'*Oïdium* a disparu après avoir été humecté avec de l'eau dans
laquelle on a fait bouillir des oignons pailles ; ce procédé,
qui nous a été indiqué par M. DE PONTBRIANT, chef du bureau
de la comptabilité de la préfecture du Rhône, a parfaitement détruit l'*Oïdium ;* mais nous ne croyons pas devoir le
conseiller, attendu que le raisin conserve un goût fort
désagréable. Des raisins de treille ont parfaitement mûri
après avoir été frottés, au moment de l'apparition du parasite,
avec une brosse à crins très flexibles ; ce moyen a été mis
en pratique par plusieurs personnes, et entre autres par
M. HUGENER, propriétaire, rue du Béguin, à la Guillotière.
A défaut d'une suffisante quantité de fleur de soufre,
M. PRAS, juge de paix du 2ᵐᵉ arrondissement de Lyon, a
employé du plâtre en poudre et a rendu par ce moyen ses
raisins aussi beaux que s'ils n'eussent jamais été atteints
d'*Oïdium.* L'hydro-sulfure de calcium a détruit l'*Oïdium* du
pêcher dans l'espace de quelques heures. Plusieurs centaines
de mètres d'espalier de vigne ont été sauvés par le même
procédé à la Guillotière, à Oullins, à Saint-Just, à Saint-
Didier, à Ecully et à Saint-Cyr. M. SAINT-JEAN, peintre,
préserve ses raisins d'une manière remarquable avec de la
fleur de soufre. Nous avons vu des raisins sur lesquels on a
jeté de la fleur de soufre sans humectation préalable ; ils
étaient en très bon état, tandis que tous les autres du même
espalier, pour lesquels on n'avait rien fait, étaient malades.
Le plâtras d'une maison en démolition a fait disparaître
l'*Oïdium ;* la fumée du goudron a produit le même effet sur
des ceps cultivés en espalier comme sur d'autres cultivés
à l'air libre ; enfin, de l'eau pure, répandue sur des raisins,
a chassé l'*Oïdium.*

Nous pourrions citer beaucoup d'autres moyens qui ont donné des résultats satisfaisants, mais à quoi bon, puisque ni l'un ni l'autre ne peuvent s'appliquer avec plus d'avantages à la grande culture que les lotions de sulfure de calcium, de carbonate de soude, que la fleur de soufre et que les fumigations, qui s'emploient avec succès, facilité et économie?

Parmi les moyens préventifs, on a beaucoup vanté l'emploi de l'huile mélangée à la fleur de soufre. Des hommes respectables se sont laissés aller, dans un moment d'enthousiasme, jusqu'à décerner une récompense à l'auteur de ce système, qui a endommagé plus de ceps de vigne dans une année que tous les *Oïdium* réunis n'en feraient périr dans dix ans. Nous profitons de cette circonstance pour donner un avis aux agriculteurs et aux amateurs : disons-leur qu'il est très important de n'user des procédés nouveaux qu'avec la plus grande prudence ; différemment on risque de faire plus de mal qu'il n'y en aurait en laissant subsister l'*Oïdium*.

Expériences diverses.

1° Un propriétaire de Chazay-d'Azergues ayant entendu dire que la vigne taillée tard et surchargée en bois était exempte de maladie, s'est imaginé de n'enlever que le superflu des sarments d'une partie de ceps réservés à une expérience. Deux ou trois sarments, taillés très long, ont donc été laissés à chaque cep ; ces ceps n'ont été ni relevés ni attachés, et jamais récolte plus belle et plus intacte n'a été vue ; c'est la seule que l'expérimentateur ait faite ; toutes ses autres vignes n'ont rien produit de bon. Il ne faut conclure de là qu'une chose, c'est que, si dans cette circonstance la vigne a été exempte de l'*Oïdium*, elle a été aussi épuisée, et, si on renouvelait sur elle une semblable expérience, elle serait bientôt perdue ; il faudrait alors l'arracher. Un observateur expérimentateur aurait obtenu le même résultat, mais en agissant d'une manière plus prudente. Nous l'avons dit, il faut appauvrir momentanément, mais il ne faut pas tuer.

2° Lorsqu'un végétal est nouveau, et surtout précieux, on a l'habitude d'utiliser toutes les parties de ses ramifications pour le multiplier. M. GAILLARD (Ferdinand) a imaginé pour la multiplication de la vigne, même en été, d'arquer au mois de juin les sarments les plus longs, porteurs ou non, et d'en marcotter le sommet; on a remarqué que tous les sarments traités de cette manière sont exempts de l'*Oïdium* et que les raisins rapprochés du sol par l'effet de l'arcuation sont d'une fraîcheur admirable. Cette observation a été faite chez plusieurs multiplicateurs, et notamment à la Demi-Lune, chez M. MOREL, pépiniériste, et à Montmerle, chez un ami de M. FARFOUILLON, architecte.

5° Le pincement des porteurs, pratiqué après la fleuraison de la vigne au dessus de la seconde feuille qui suit le raisin et répété assez souvent sur les jets qui se développent successivement, préserve les grappes de l'atteinte de l'*Oïdium* (il faut bien remarquer qu'il n'est question que du pincement des sarments porteurs de raisins, les autres doivent être ébourgeonnés).

Qu'est-il arrivé dans ces trois expériences différentes? 1° Soustraction de surcroît d'embonpoint; 2° équilibre dans la sève; 5° bonne organisation du cambium; 4° et enfin harmonie parfaite dans toutes les parties du végétal. Ces expériences prouvent que l'excès de vigueur peut être une cause de maladie.

Nous tenons de M. SAUZAY, conseiller à la Cour impériale et membre de la Commission pour l'étude de la maladie de la vigne, qu'un propriétaire avait garanti une partie de vigne de la maladie en enfouissant de la chaux vive à une petite profondeur entre les lignes de ceps; cette chaux avait été enfouie quelque temps avant la poussée des ceps.

Nous parlerons peu ici de nos expériences personnelles et de celles qui ont été faites par les soins de la Commission de la maladie de la vigne dans l'établissement horticole du département, attendu qu'il n'est pas possible de prouver que ces expériences ont empêché la maladie, puisque la gelée et la grêle ont enlevé la presque totalité de la récolte ; toutefois, les quelques grappes qui ont échappé à ces deux fléaux ont été préservées de l'*Oïdium*. Est-ce par l'effet d'une taille tardive ou par les autres opérations qui l'ont précédée? C'est ce que nous ne pouvons affirmer. Toutes les opérations ont été faites avec soin, et toutes ont été enregistrées ; rien n'a été négligé pour prévenir la maladie. Mais, nous le répétons encore, qui a prévenu? Nous n'en savons rien. Nous sommes cependant porté à croire que nos opérations sont favorables, puisque M. le baron Ch. DE SNOY, qui a mis notre procédé en usage, a guéri des pieds de vigne sur lesquels la maladie avait sévi en 1852 avec une grande violence (1). Beaucoup d'expérimentateurs qui auraient fait la centième partie seulement de nos expériences et qui auraient obtenu un léger résultat, proclameraient aujourd'hui bien haut qu'ils ont trouvé le moyen infaillible de guérir la vigne. Telle est la cause de toutes ces brochures, de toutes ces réclames, contre lesquelles le public doit être en garde ; qu'il songe que les inventeurs visent bien plutôt à remplir leur bourse qu'à guérir la vigne.

Conclusions.

On voit par ce qui précède qu'il y a des moyens préventifs et des moyens curatifs. Parmi les premiers, il en est un dont nous n'avons rien dit, et cependant nous le croyons le meilleur de tous, mais il n'est pas en notre pouvoir d'en faire l'application et d'en user à notre volonté : nous voulons dire l'ordre des saisons. En effet, il n'y a pas de meilleur médecin

______

(1) Ce procédé bien simple consiste à badigeonner d'une couche assez épaisse de chlorure de chaux, délayé dans un peu d'eau, le tronc des vignes pendant les mois de février et de mars, après l'avoir débarrassé de ses vieilles écorces et des mousses qui le recouvrent.

qu'un hiver froid et sec, qui commencerait au 15 décembre pour finir au 15 mars, qu'un printemps à son époque et avec toutes ses douceurs, qu'un été chaud et régulier, ces trois saisons, avec ces conditions, nous procureraient certainement un automne riche en fruits, en vin et en plantes alimentaires de toutes espèces.

Nous recommandons les fumures maigres, sèches et très peu abondantes pour les sols forts, gras et argileux, les tourteaux de colza pour les sols moins onctueux, pour lesquels encore nous conseillons les engrais calcaires. Nous pensons qu'il est très important que tous les sols en général soient travaillés de manière à ce que l'eau ne puisse séjourner longtemps sur les racines des ceps ; à cet effet, il est convenable de renouveler assez souvent les binages ou les sarclages. Dans les terrains légers ou pierreux, cette opération devient bien moins importante, attendu que dans ces sols l'écoulement s'opère facilement et promptement. Nous voudrions que la taille s'exécutât à deux époques différentes : ainsi, taille rationnelle et en temps ordinaire pour les cépages qui ne sont pas atteints de la maladie, tels par exemple que les *Pineaux de Bourgogne* et *de Hongrie*, le *Chauché*, le *Chenin*, le *Morillon noir ou hâtif*, le *Salzgris*, le *Mouret*, le *Meunier* et l'*Auxerrois ;* taille un peu longue et tardive (du 1er au 10 avril) pour les ceps sujets à la maladie, tels que *Persaille*, *Gros plant*, *Chasselas*, *Mornin*, *Aramon*, *Caillaba*, *Gromier*, *Damas*, etc., etc.

Nous ne saurions trop insister sur le pincement (1), que le raisin soit malade ou non ; nous désirons que ce pincement soit successif s'il y a lieu, qu'on ne néglige pas l'arcuation et qu'on la fasse de manière à rapprocher le raisin du sol s'il est possible. Il est très important, après avoir administré ou avant d'administrer un remède curatif aux raisins, de retran-

---

(1) Pincer, c'est retrancher le sommet du sarment à deux ou trois feuilles au dessus du raisin.

cher soigneusement toutes les parties ramifiées malades du végétal et de les détruire par une combustion immédiate. Il est également sage de nettoyer avant l'hiver les ceps , c'est à dire d'enlever les vieilles écorces , les mousses et les autres parasites, de les enduire d'une couche de lait de chaux , d'eau de lessive ou d'hydro-sulfure de calcium, afin de détruire les insectes , l'espoir de leur progéniture et les sporules des cryptogames. Nous n'avons qu'à nous féliciter des heureux résultats produits par ces opérations , qui sont simples, faciles et économiques, et dont plusieurs peuvent se faire dans des moments où il n'est pas facile de s'occuper d'autres travaux agricoles.

Nous faisons des vœux bien sincères pour que notre méthode soit appliquée; mais nous en faisons de plus sincères encore pour que les résultats soient favorables. Si ces vœux sont exaucés, nous serons heureux ; nous aurons rendu un service à notre pays. Pour prix de nos travaux, nous ne demanderons qu'une chose : c'est que Dieu nous accorde la grâce d'en rendre de nouveaux , et notre bonheur sera doublé.

Ecully , le 8 septembre 1853.

Depuis que nous avons écrit ces lignes, nous avons été invité à visiter les ceps de vigne cultivés contre les murs de l'enclos de l'usine à gaz de la Guillotière. Ces raisins ont été remarqués par des personnes dignes de foi; nous invitons le dénonciateur des usines à gaz à leur faire une visite ; à son retour, il pourra donner une seconde édition de sa brochure , dans laquelle il ne sera plus question de cristallisation, à moins qu'il n'en porte lui-même afin de pouvoir dire qu'il en a vu.

AVIS.

Dès que les feuilles de la vigne commencent à prendre une
teinte sombre et comme plombée, il faut administrer les
remèdes curatifs, sans attendre l'entier développement de
l'*Oïdium*, car alors ce serait trop tard.

Nous indiquons la manière de préparer ces remèdes et
celle de les administrer. Nons ne parlerons seulement que
des plus simples, des moins coûteux, et qui peuvent s'appliquer à la grande culture.

Combinaison de la chaux, de la fleur de soufre
et de l'eau.

Que cette combinaison se nomme *sulfure de calcium*, *hydro-
sulfate de calcium* ou *hydro-sulfure de calcium*, cela importe
peu à nos habitants des campagnes ; mais ce qu'ils veulent
savoir, c'est la manière d'exécuter cette combinaison et
d'en faire usage ; il faut donc la leur apprendre et leur dire
qu'ils peuvent la faire de plusieurs manières :

1° Prenez : Chaux vive tombée nouvellement en poussière
   (dite chaux éteinte) . . . . 1 kilog.
   Fleur de soufre 1
   Eau . . . . 6 litres.

On mélange bien la chaux avec la fleur de soufre, puis on
jette cette mixtion dans une marmite de fonte contenant les
6 litres d'eau ; on fait bouillir pendant un quart-d'heure,
en ayant soin de remuer souvent avec un bâton ; on retire
ensuite la marmite du feu ; on laisse déposer, et on décante
(soutire) dès que le liquide est clair. Lorsqu'on est obligé de
pratiquer les aspersions, on mélange 1 litre de la prépa-
ration avec cent litres d'eau.

2° Prenez : Chaux vive nouvellement éteinte. .   1 kil.

    Fleur de soufre . . . . 500 gr.

    Eau . . . . 10 litres.

Faire bouiller comme il est indiqué dans la première opération.

Passez à travers un linge, ajoutez de 80 à 120 litres, selon l'intensité de la maladie, et employez au besoin.

3° Prenez un cuvier dans lequel on jette :

  Chaux vive qu'on fait éteindre avec un peu d'eau. 1 kil.

  Fleur de soufre. 1

Il faut remuer ces deux matières, les bien mélanger et ajouter 15 litres d'eau, agiter de nouveau pendant huit à dix minutes, et enfin ajouter à la mixtion 1,500 litres d'eau, c'est-à-dire 100 litres par litre au moment de l'employer.

On répand ces divers mélanges sur le cep, de grand matin ou mieux encore le soir avant le coucher du soleil; on se sert à cet effet d'une seringue à grille, ou d'une petite pompe à jet continu, ou enfin d'un simple arrosoir à pomme finement percée. Une, deux ou trois légères aspersions, pratiquées de huit en huit jours, suffisent pour détruire ou entraîner l'*Oïdium*.

4° Prenez : Carbonate de soude (cristaux de soude du commerce) . . . .   1 kil.

    Eau. . . . . 100 litres.

Faites dissoudre et répandez ce liquide de la même manière que le précédent, vous obtiendrez des résultats très satisfaisants.

Fleur de soufre.

Ayez de la fleur de soufre bien sèche et un soufflet fumigateur, dont vous emplissez la boîte à moitié; soufflez légèrement avec cet instrument ainsi préparé sur tous les ceps malades. Profitez pour cette opération d'un temps calme et très chaud s'il est possible , car l'élévation de la température facilitera le dégagement du gaz sulfureux, favorable à la destruction du champignon et des insectes nuisibles.

Fumigations.

A défaut d'hydro-sulfure de chaux ou de fleur de soufre, on peut avoir recours, pour la grande culture, aux fumigations faites au moyen de matières résineuses ou de tous autres corps qui ont la propriété de produire en brûlant une fumée très épaisse, tels que la résine, le goudron des usines à gaz , une torche résineuse, la paille humide, les branches de sapin, de pin, etc. Une fumigation répétée deux fois a donné les résultats les plus satisfaisants ; cette fumigation s'est faite à l'aide d'un petit réchaud portatif, d'une petite quantité de charbon et de quelques kilogrammes de goudron d'usines à gaz ; ce goudron se jette par petites parties sur le charbon ardent, et une cuillerée suffit pour fumer au moins cent ceps (1).

---

(1) Il est bien probable que c'est à la couche de noir de fumée provenant de la combustion de toutes ces matières qu'il faut attribuer la disparition du champignon. En admettant qu'elle n'agisse pas dans cette circonstance comme asphyxiante, elle agit du moins comme carbone créosoté.

Lyon. Imp Nigon.

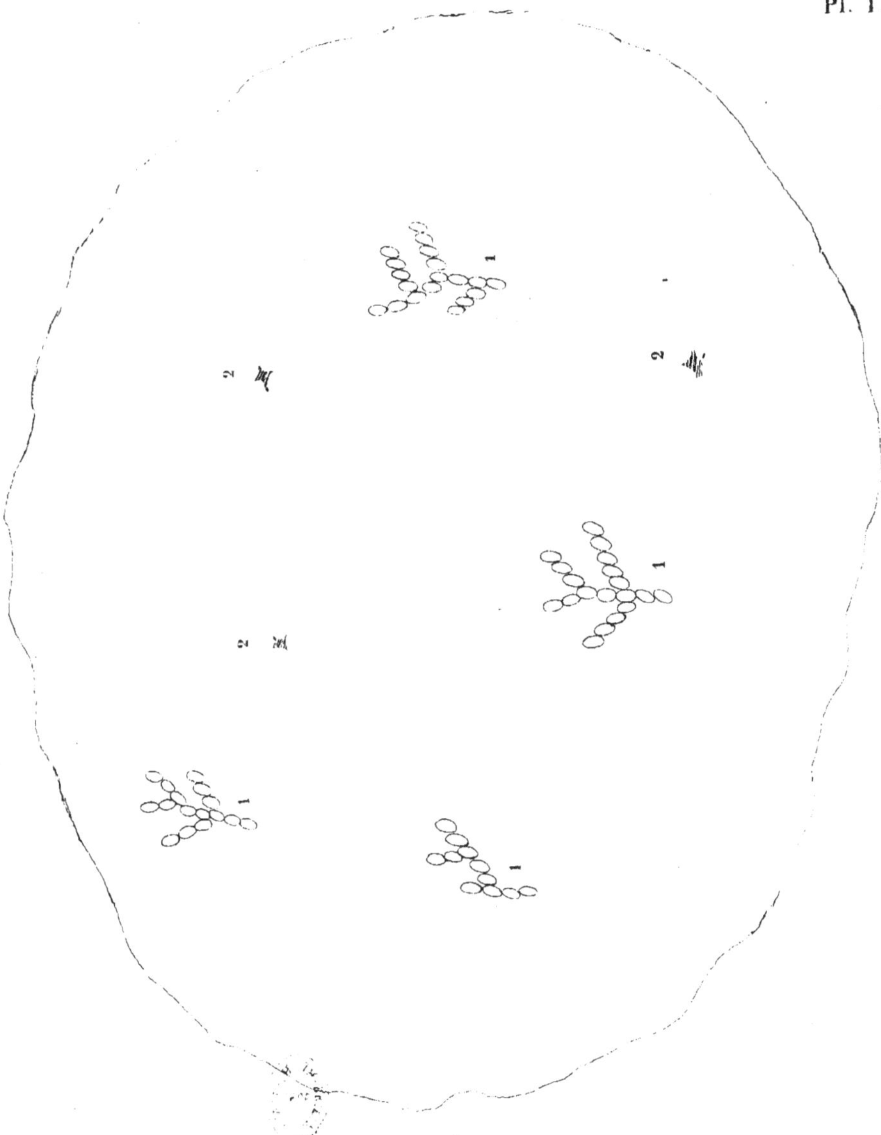

Oïdium de la vigne.

Fragment d'un millimètre de diamétre d'un grain de raisin, observé au microscope avant que la poussière ne soit visible à l'œil nu.

Le grain a été pris sur un raisin voisin d'un raisin oïdié.

1,1,1,1. Espèce de végétation grumeleuse grisâtre, imitant un petit arbuste
ramifié et feuillé.

2,2,2. Points grisâtres, anguleux, paraissant donner naissance à une de ces
végétations.

Présence d'insectes nulle.

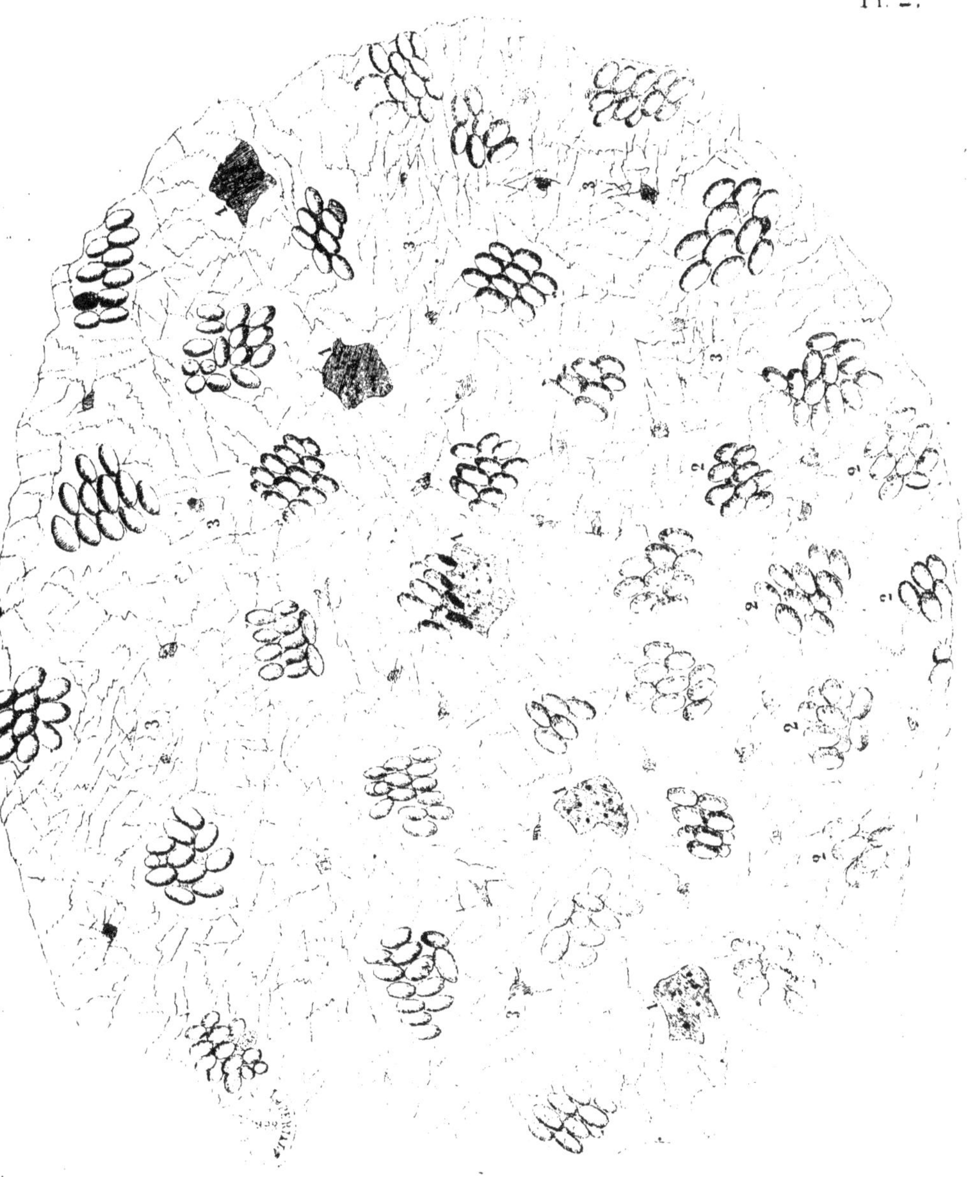

Oïdium de la vigne.

Fragment d'un millimètre de diamètre d'un grain de raisin, observé au microscope le premier jour où la maladie a été visible à l'œil nu.

1,1,1,1,1. Taches rousses formant plusieurs angles et parsemées de petits
points noirs ; ces taches décrivent une ligne droite.

2,2,2,2. Petites capsules ovoïdes, grisâtres, les unes entières, les autres
partagées, groupées tantôt d'une manière régulière, tantôt irrégulièrement.

3,3,3,3. Filaments grisâtres, argentins, brillants, paraissant sortir des petites
capsules ouvertes.

Présence d'insectes nulle.

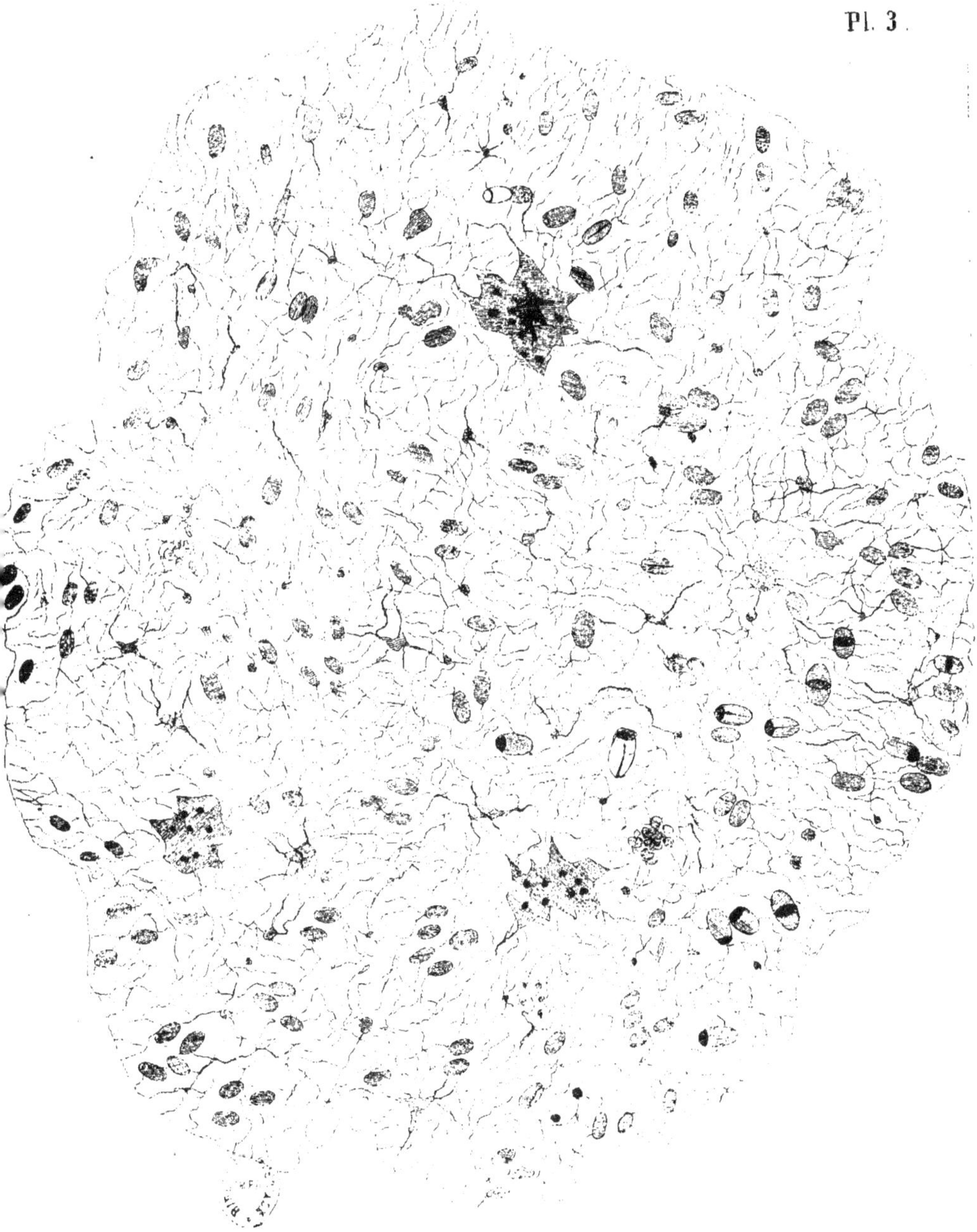

Oïdium de la vigne.

Fragment d'un millimètre de diamètre d'un grain de raisin, observé au microscope le troisième jour après l'apparition de la maladie.

Dans cette figure, les sporules semblent être bien moins nombreuses et avoir perdu leur transparence; en effet, de grises elles sont devenues brunes; quelques-unes paraissent entr'ouvertes; les fils sont plus nombreux et les taches plus foncées.

Présence d'insectes nulle.

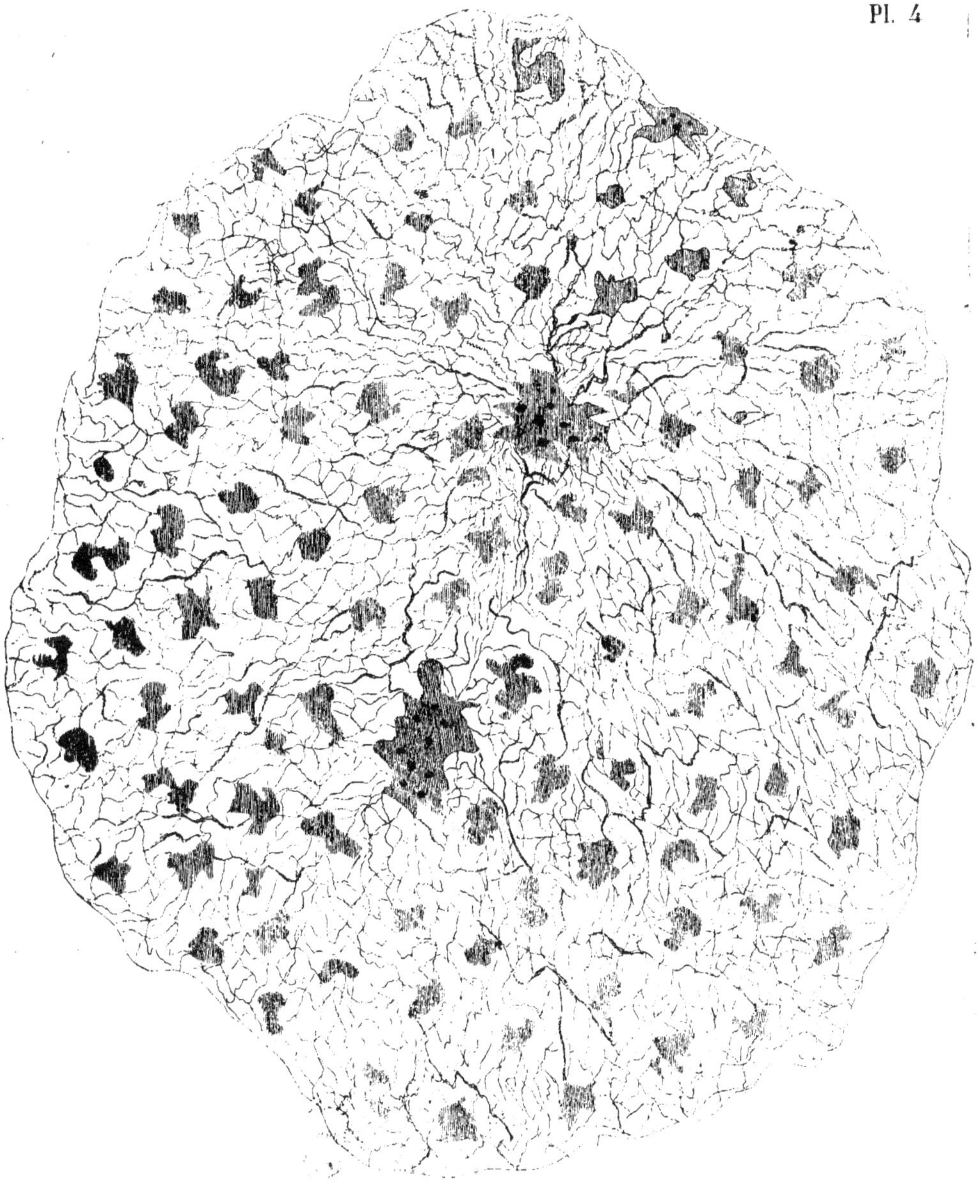

Oïdium de la vigne.

Fragment d'un millimètre de diamètre d'un grain de raisin, observé au microscope le quatrième jour après la la déclaration de la maladie.

Toutes les sporules ont disparu, et à leur place existent des taches brunes, entrecoupées par des filaments grisâtres qui se dirigent en tous sens, de manière à imiter les veines du marbre.

Présence d'insectes encore nulle.

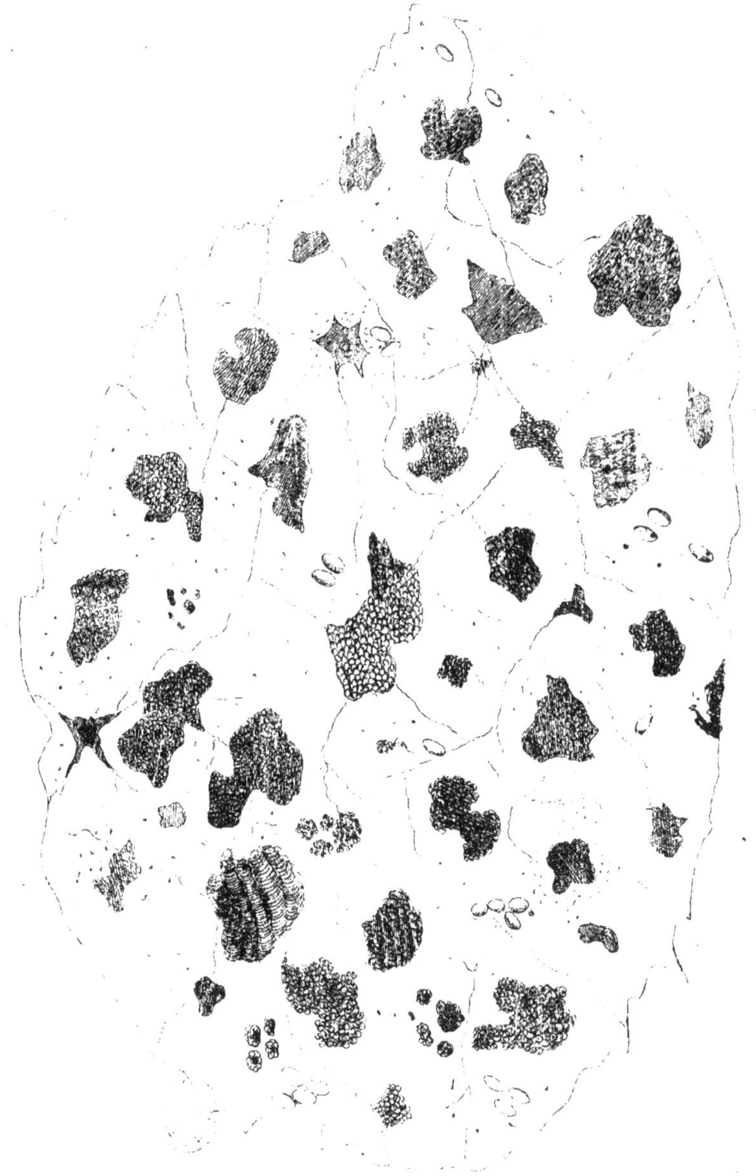

Oïdium de la vigne.

Fragment d'un millimètre de diamètre d'un grain de raisin, observé au microscope le cinquième jour après l'apparition de la maladie.

Les taches sont devenues plus grosses, plus brunes, mais teintées de violet;
quelques unes sont moins sombres que quelques autres. Les filaments sont
moins nombreux; ils semblent nouveaux et provenir de petites sporules
ovoïdes qui, elles aussi, paraissent être récentes.

Présence d'insectes nulle.

Oïdium de la vigne.

Petit grain de raisin vu au moyen d'une forte loupe le sixième jour après l'apparition de la maladie; les pepins semblent être chassés de l'intérieur.

Lyon, Lith. Nigon.

9 782329 283036